12 Curventafeln

zu den

TEMPERATURVERHÄLTNISSEN DER QUELLEN

von

DR. E. HALLMANN.

BERLIN.
VERLAG VON GEORG REIMER.
1854.

Marienberg bei Boppar[d]
Warmegang der MÜHLTHALQUELLE und der LU[ft]
in den 5tägigen Mitteln und dem [...]

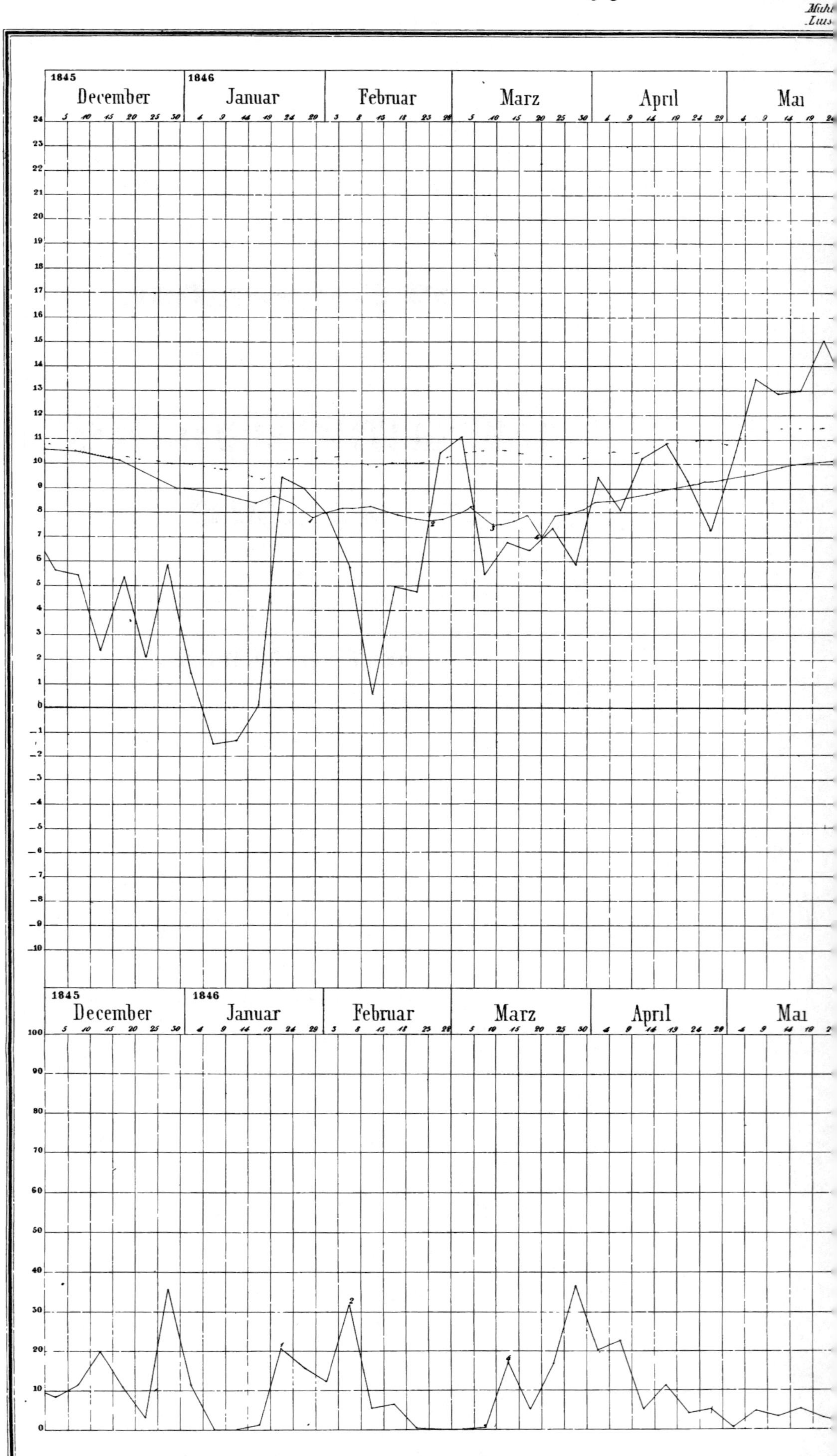

Zu Hallmann Temperaturverhaltnisse der Quellen

Decemb 1845-46.
E, verglichen mit dem Gang der Luftwarme
ens in den 5tägigen Hohen.

Taf I

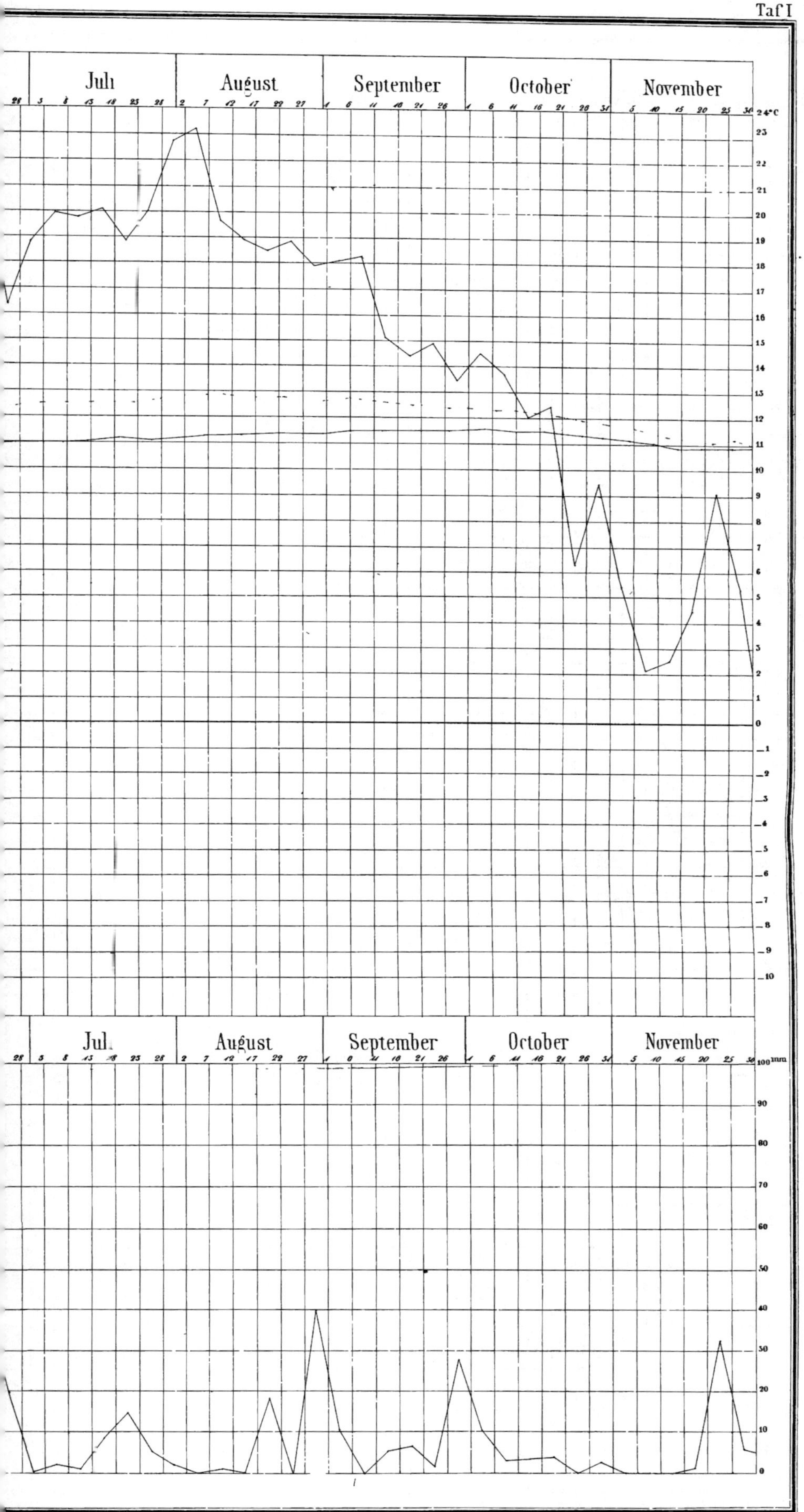

Lith. Anst v L. Kraatz in Berlin

Marienberg bei Boppa

Warmegang der MÜHLTHALQUELLE und der LU

in den 5tagigen Mitteln und dem G

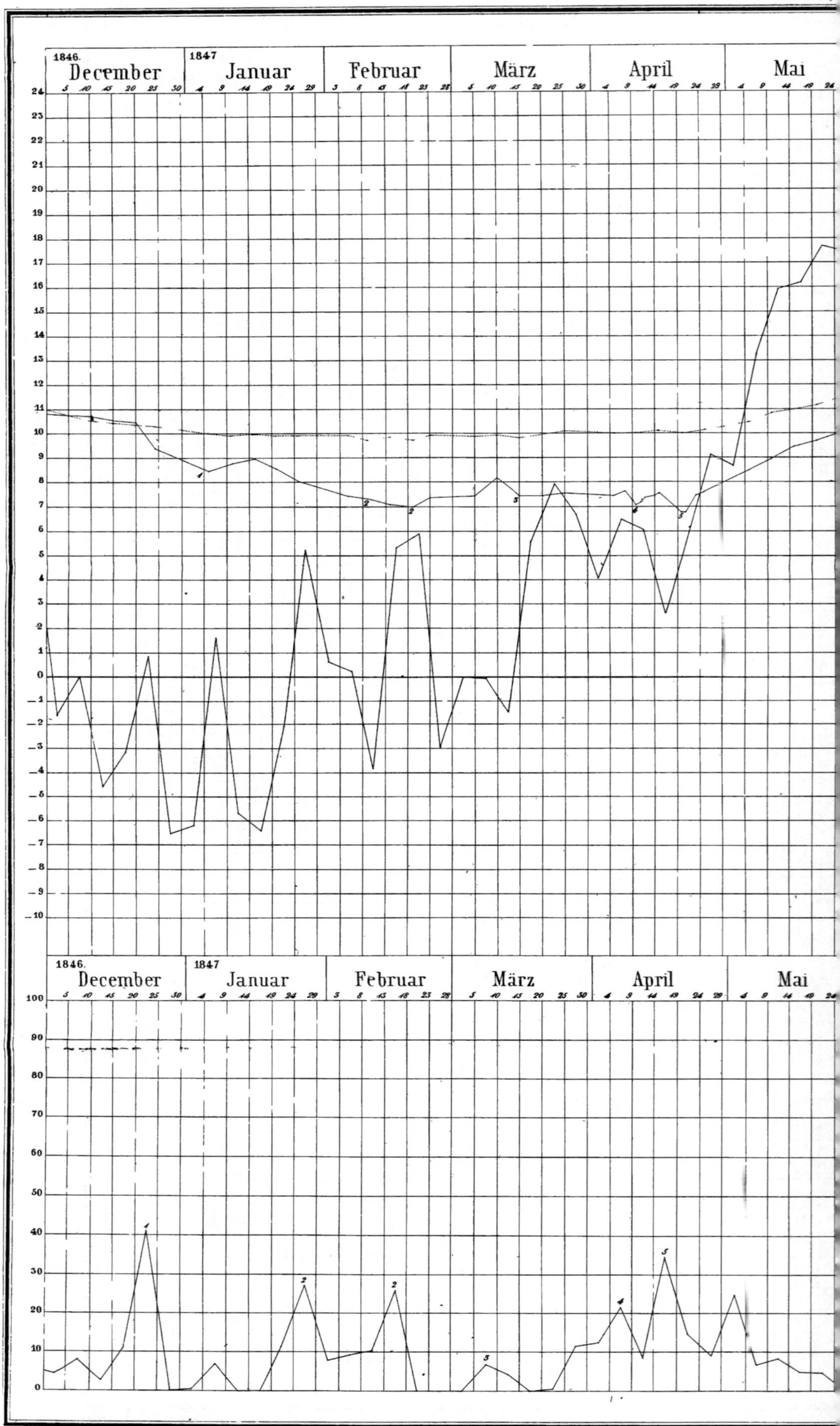

Zu Hallmann Temperaturverhältnifse der Quellen

ar, Decemb 46-47
E, verglichen mit dem Gang der Luftwärme
ns in den 5tägigen Höhen.

Taf II

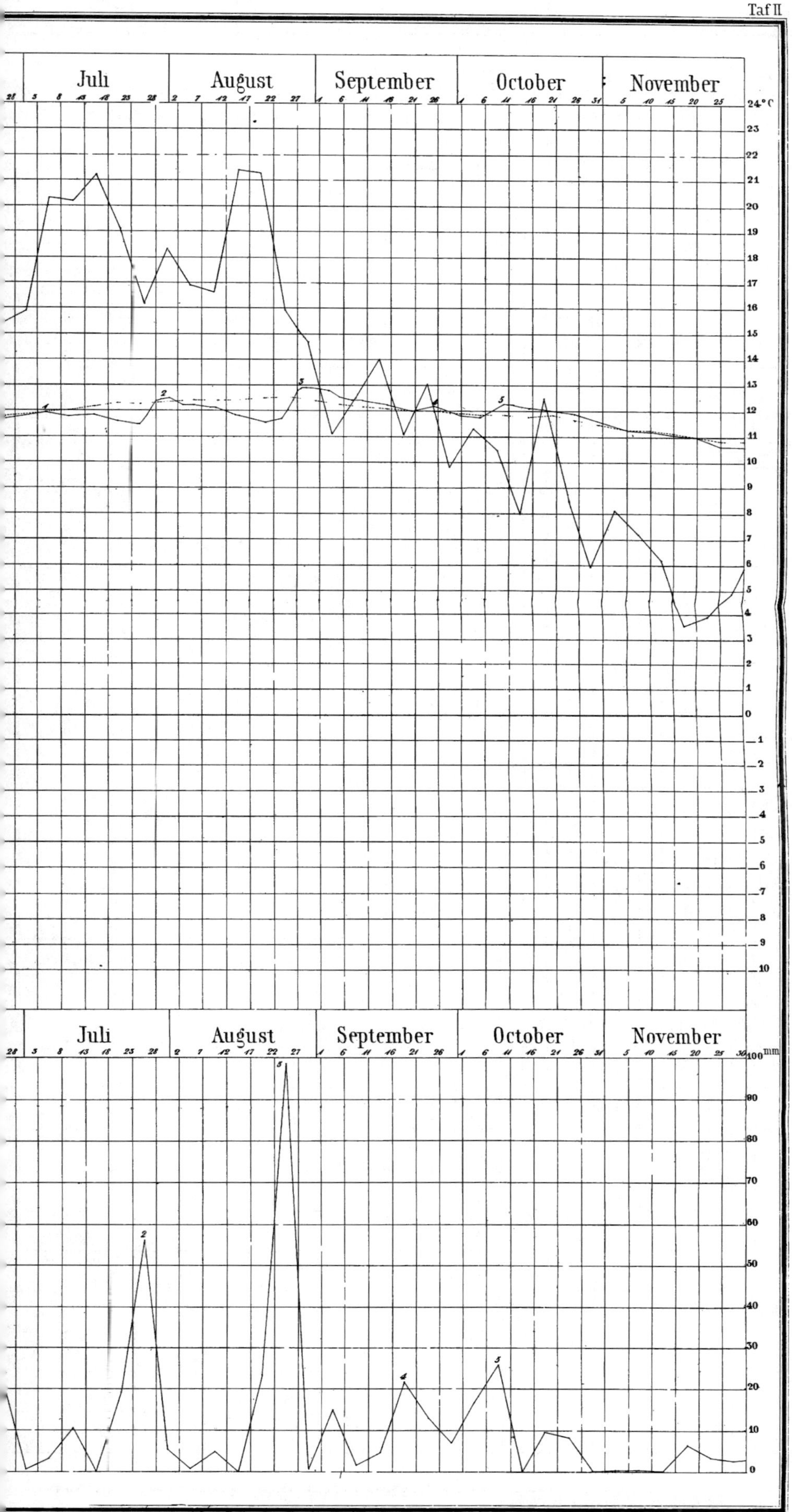

Lith.Anst. v L. Kraatz, in Berlin

Marienberg bei Boppar[d]
Wärmegang der MÜHLTHALQUELLE und der [...]
in den 5tägigen Mitteln und d[...]
Außerdem Wärmegang der Hirschkopf[...]

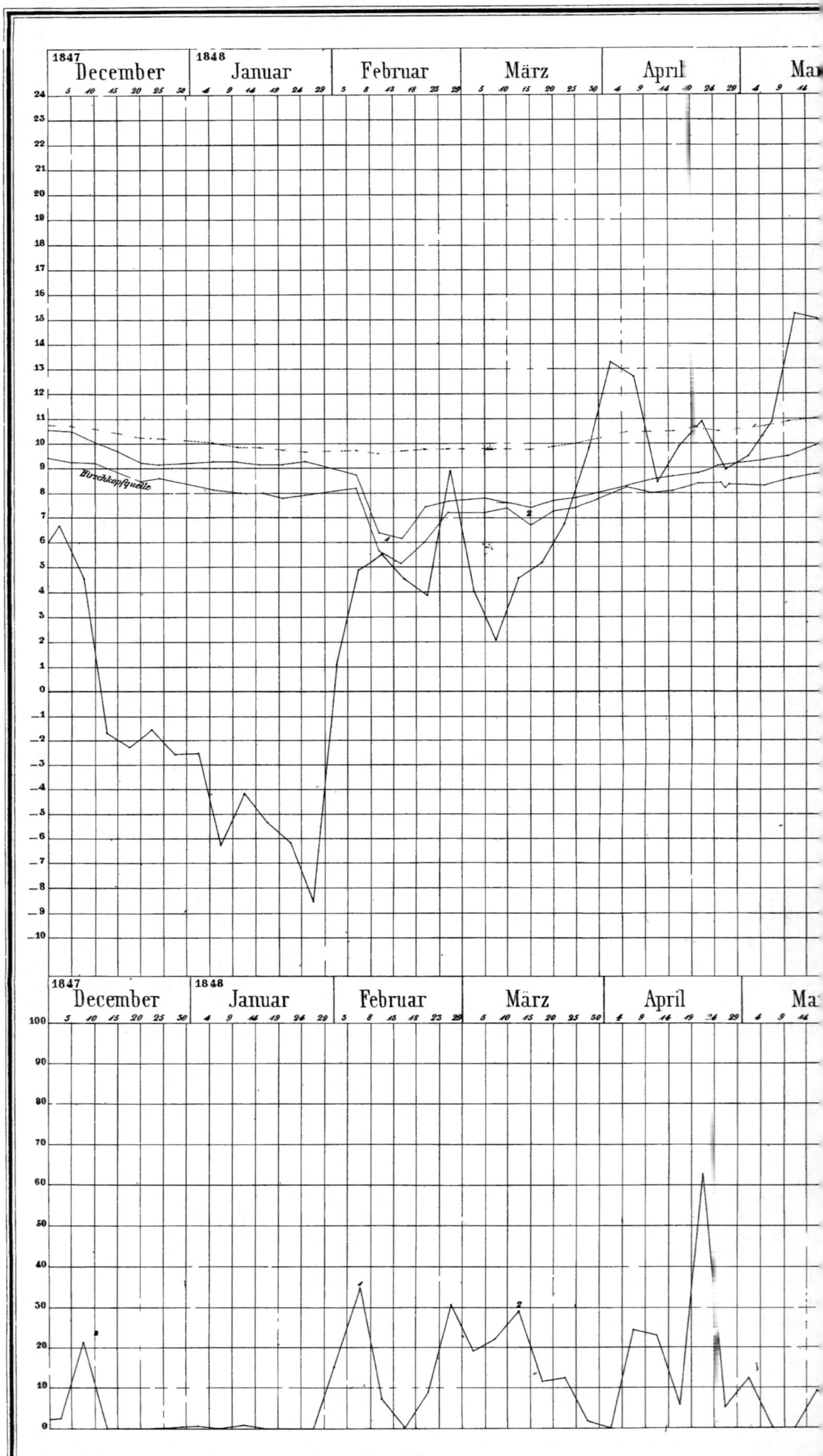

Zu Hallmann Temperaturverhältnisse der Quellen

Decemb 1847-48.

LLE, verglichen mit dem Gang der Luftwärme

egens in den 5tägigen Höhen

Fuſs höher als die Muhlthalquelle liegt

Taf III

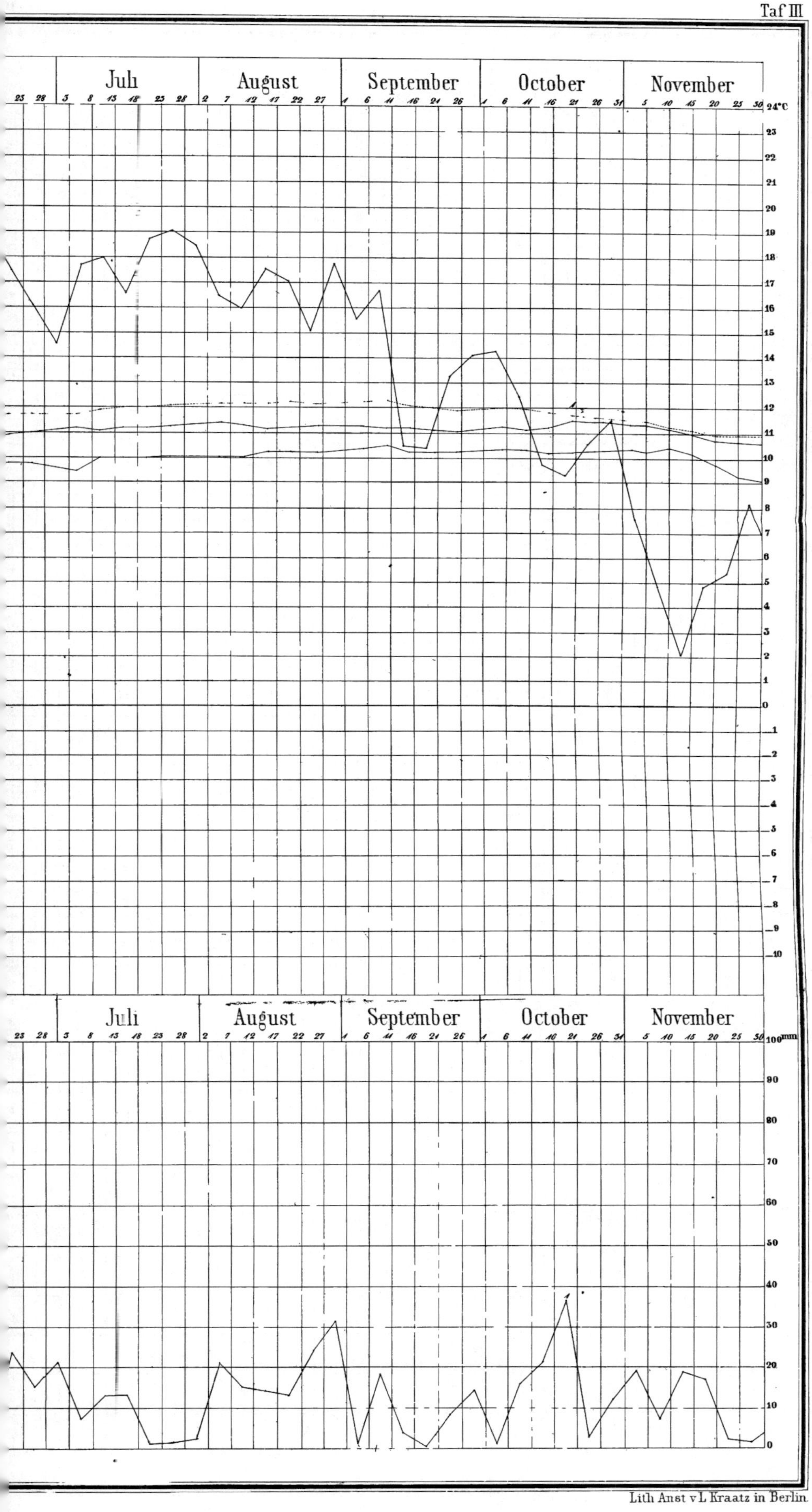

Lith Anst v L Kraatz in Berlin

Marienberg bei Boppa
Wärmegang der MÜHLTHALQUELLE und der
in den 5tägigen Mitteln und de

Außerdem

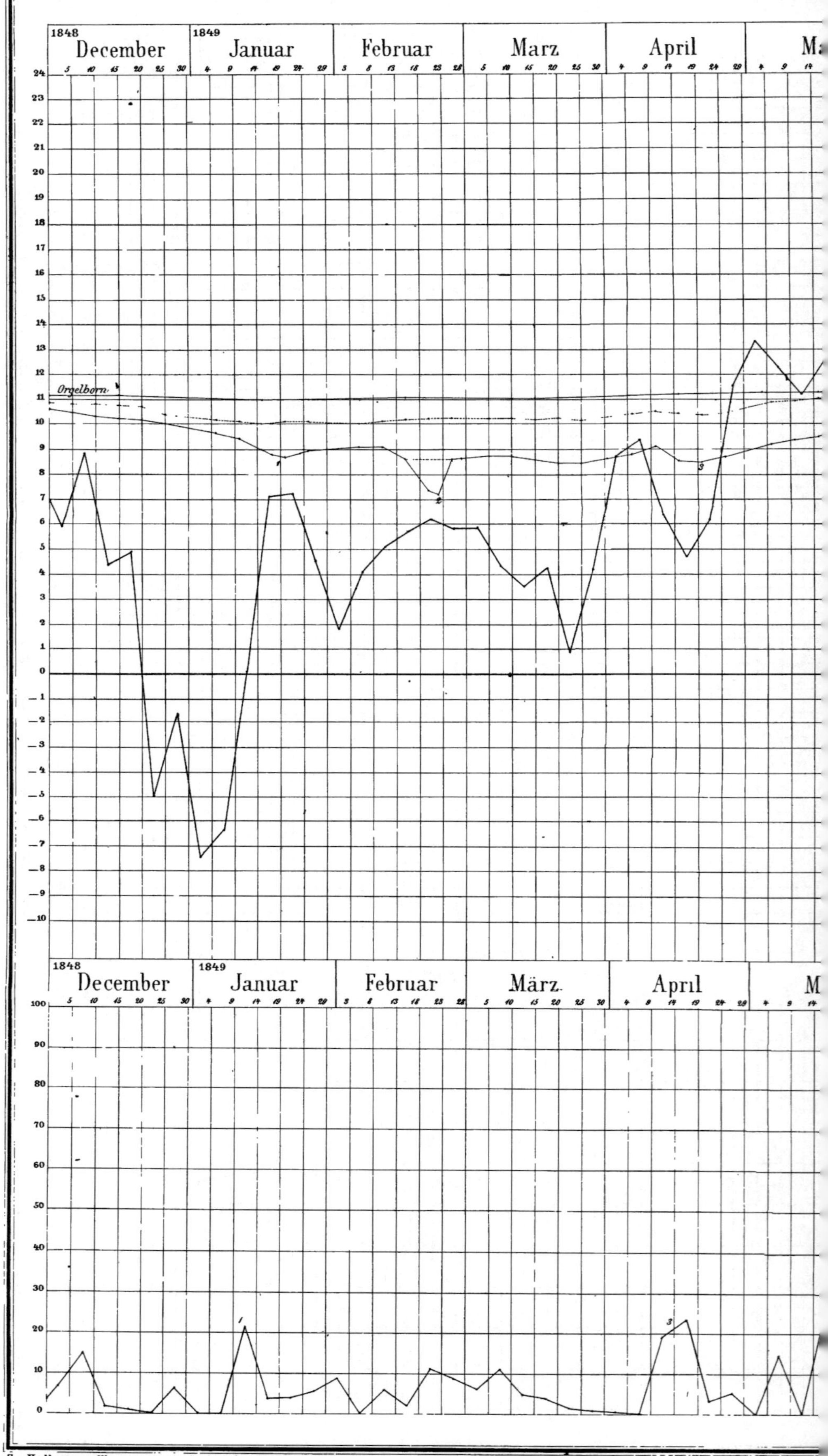

Zu Hallmann Temperaturverhaltnifse der Quellen

r, December 1848-49.
LLE, verglichen mit dem Gang der Luftwärme
Regens in den 5tägigen Höhen.
rgelborn.

Taf IV

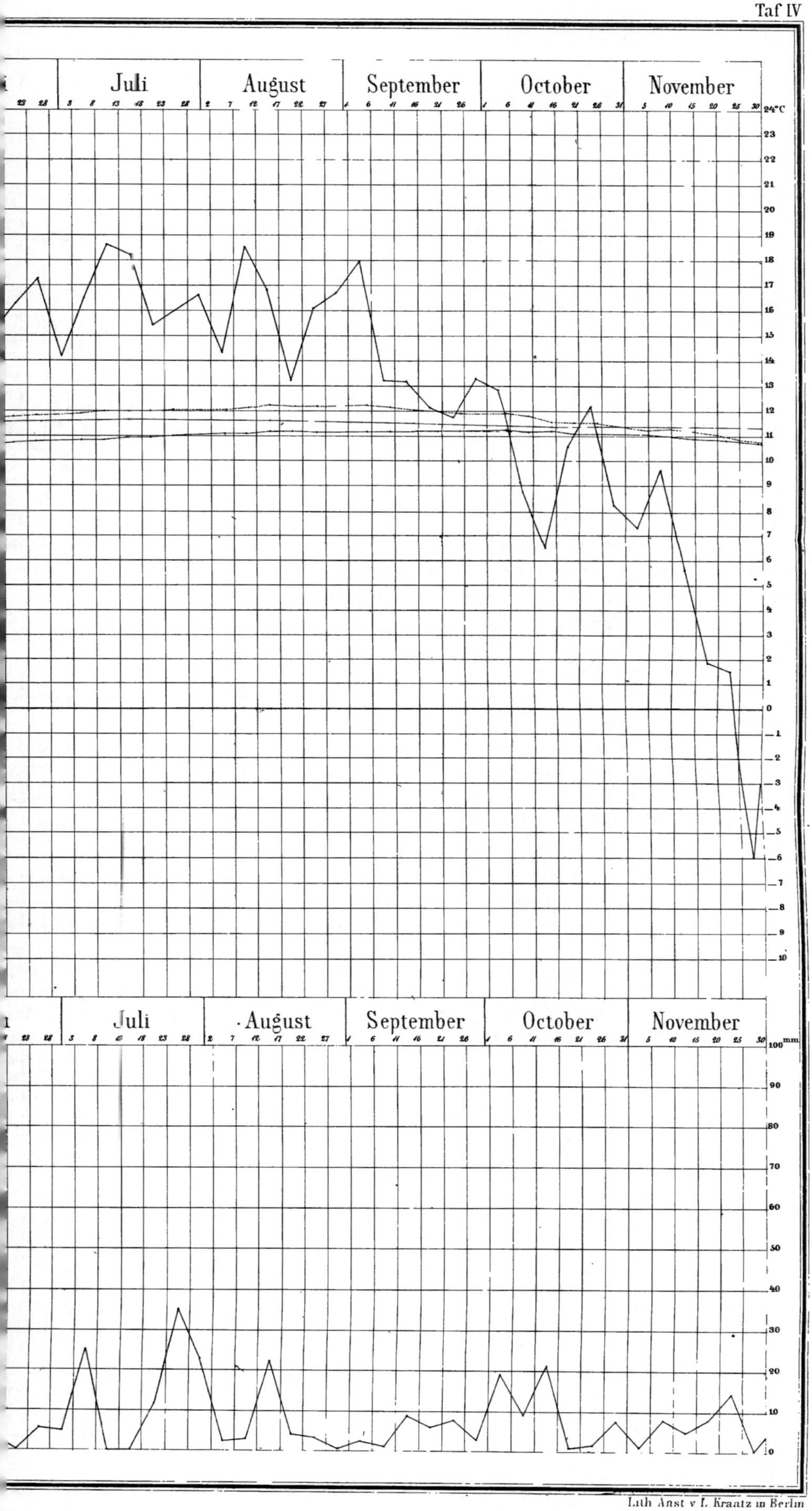

Lith Anst v L. Kraatz in Berlin

Marienberg bei Boppa
Wärmegang der MÜHLTHALQUELLE und der
in den 5tägigen Mitteln und de

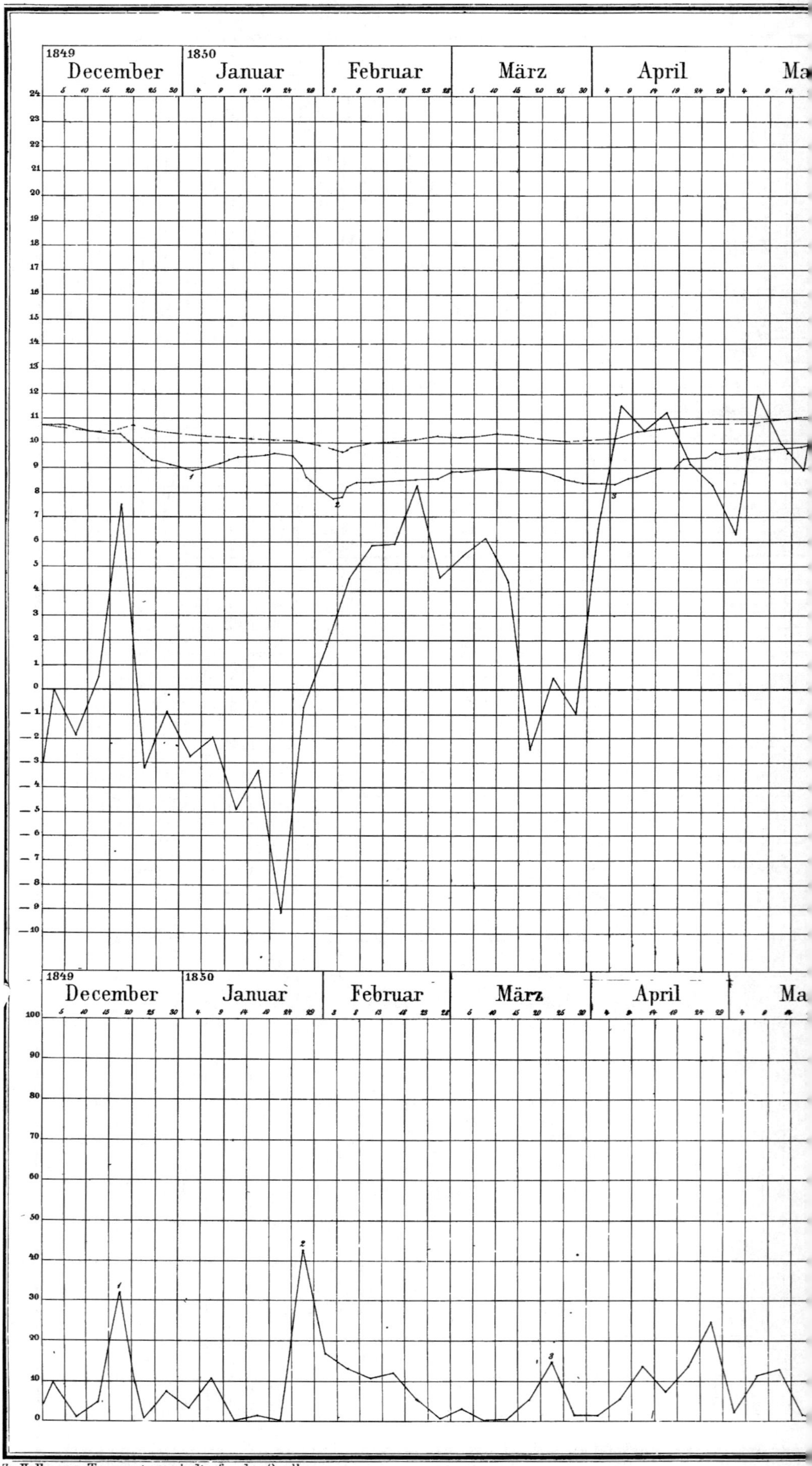

Zu Hallmann Temperaturverhaltnifse der Quellen

r, December 1849-50.
LLE, verglichen mit dem Gang der Luftwärme
Regens in den 5tägigen Höhen.

Taf V

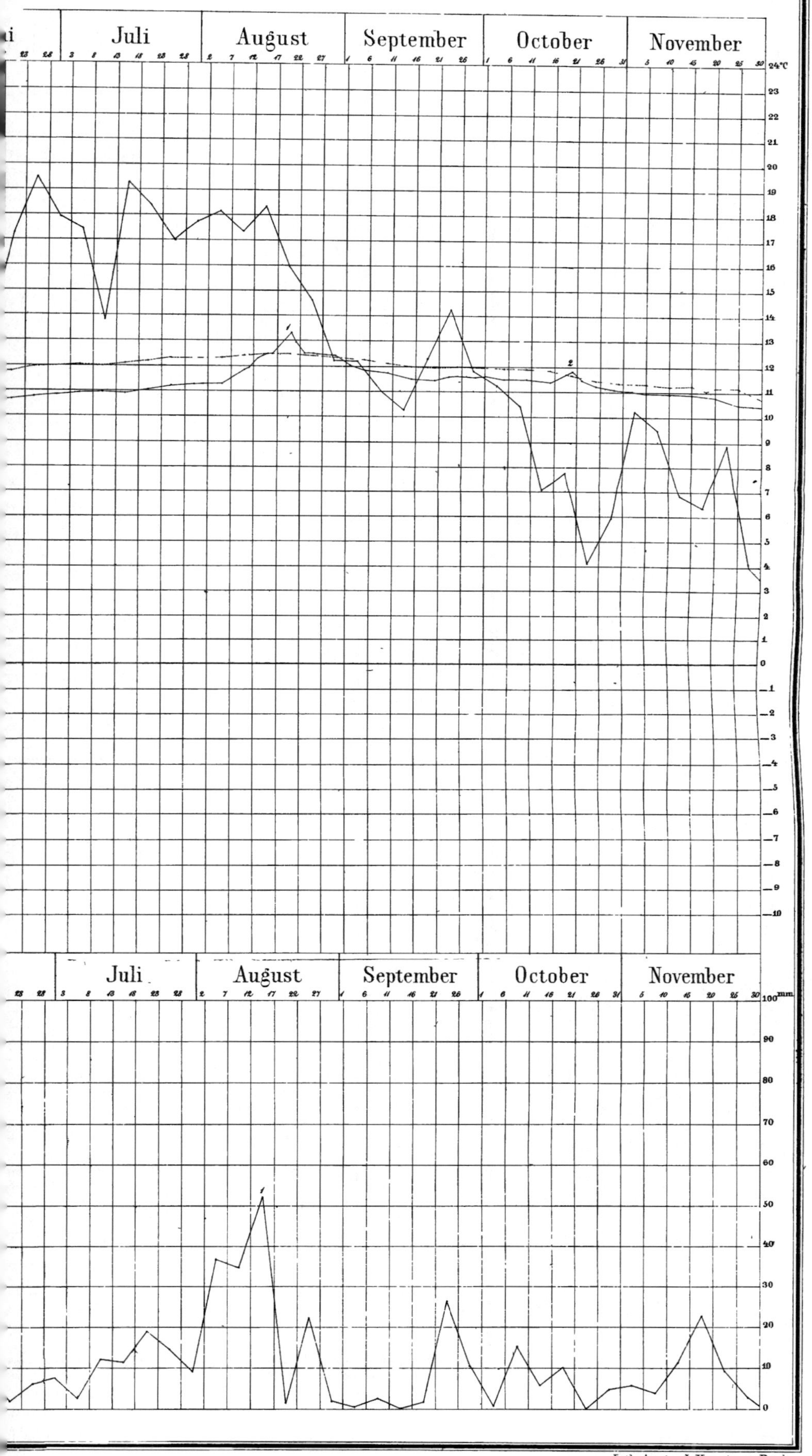

Lith Anst v L Kraatz in Berlin

Marienberg { 1 Jahr, Dec. 1845-46 und 2. Jahr, Dec 1846-47 } Monatlich

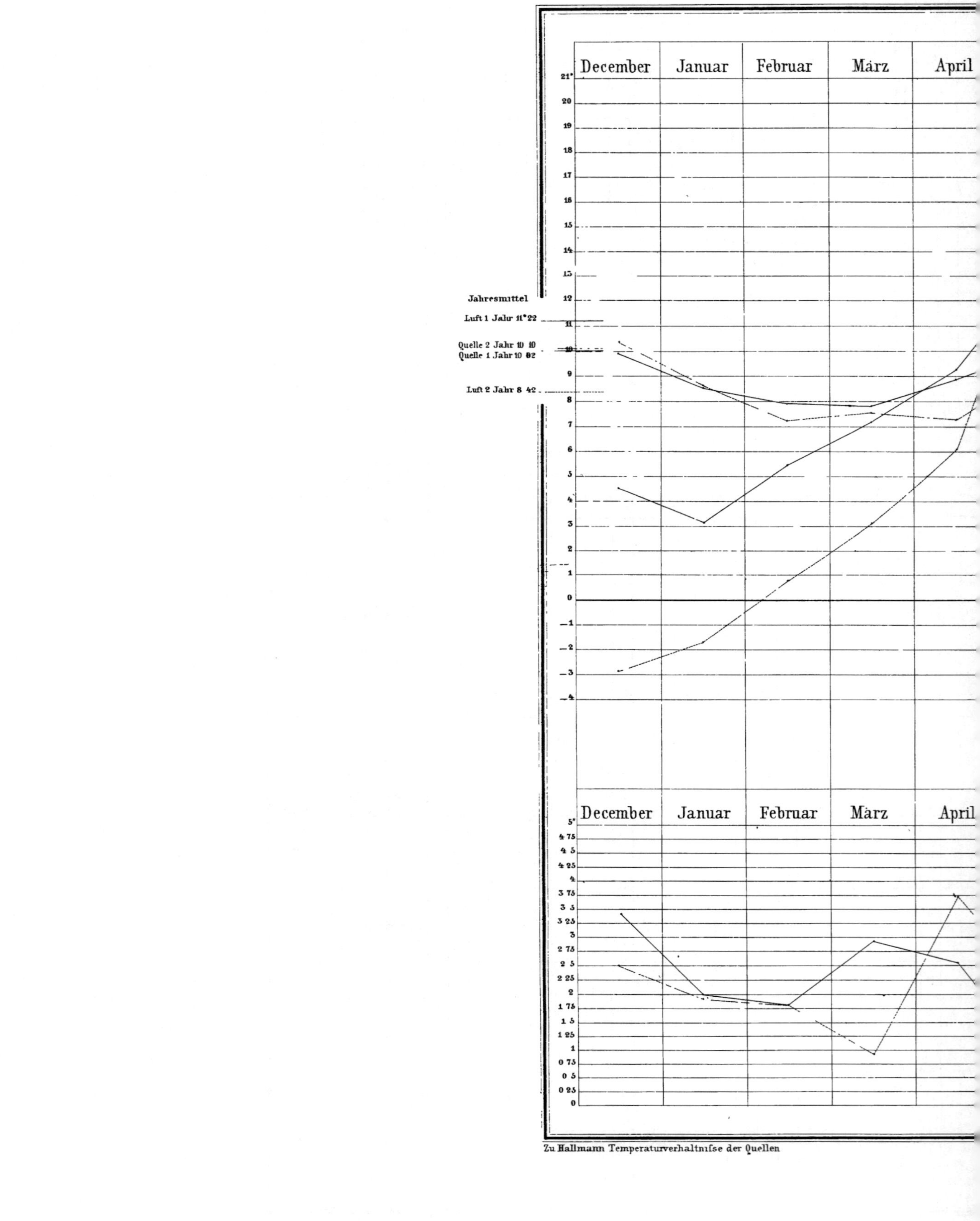

Zu Hallmann Temperaturverhaltnifse der Quellen

ühlthalquelle, verglichen mit den monatlichen Mitteln der Luft u den monatlichen Regenhohen

Taf VI

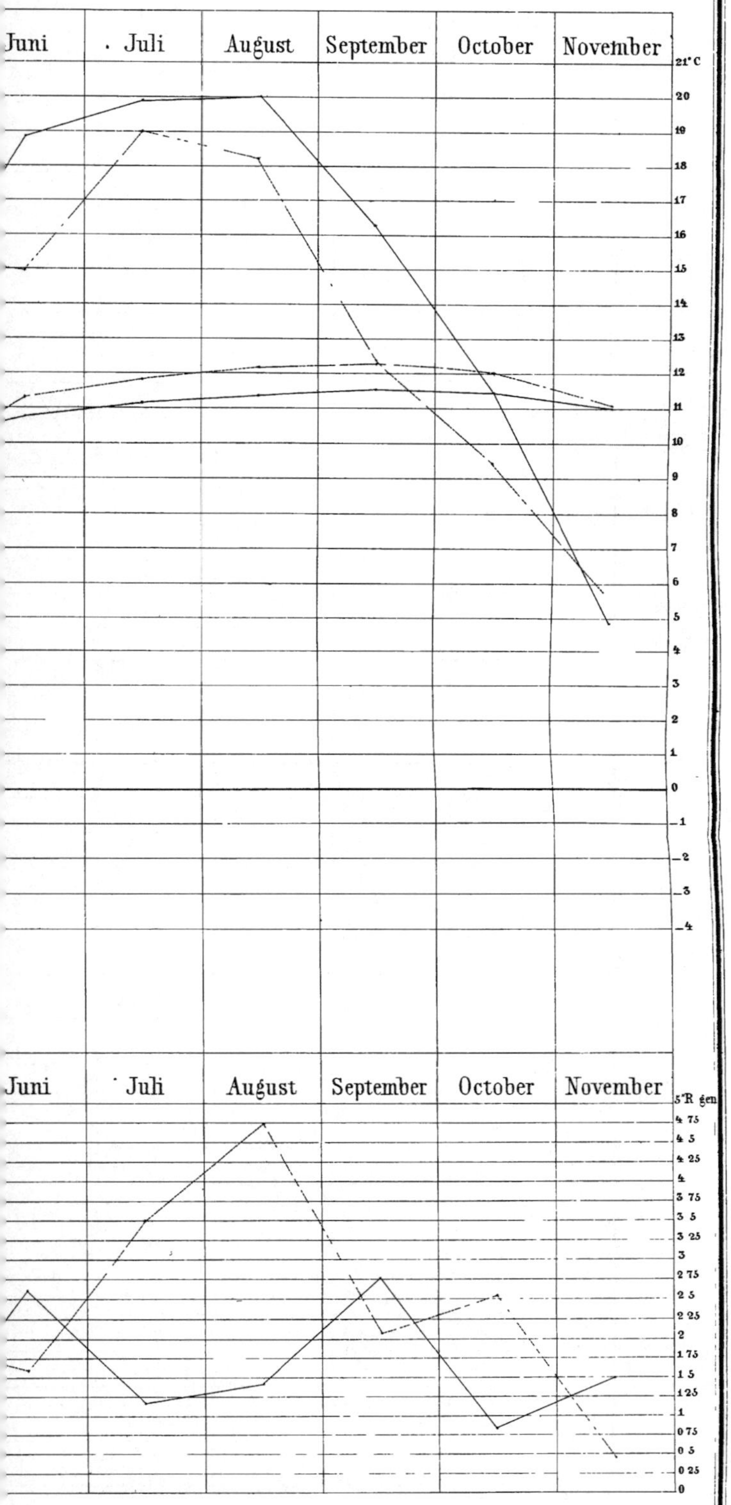

Lith Anst v L Kraatz in Berlin

Marienberg {3. Jahr, Dec 1847-48 und 4. Jahr, Dec 1848-49} Monatlich

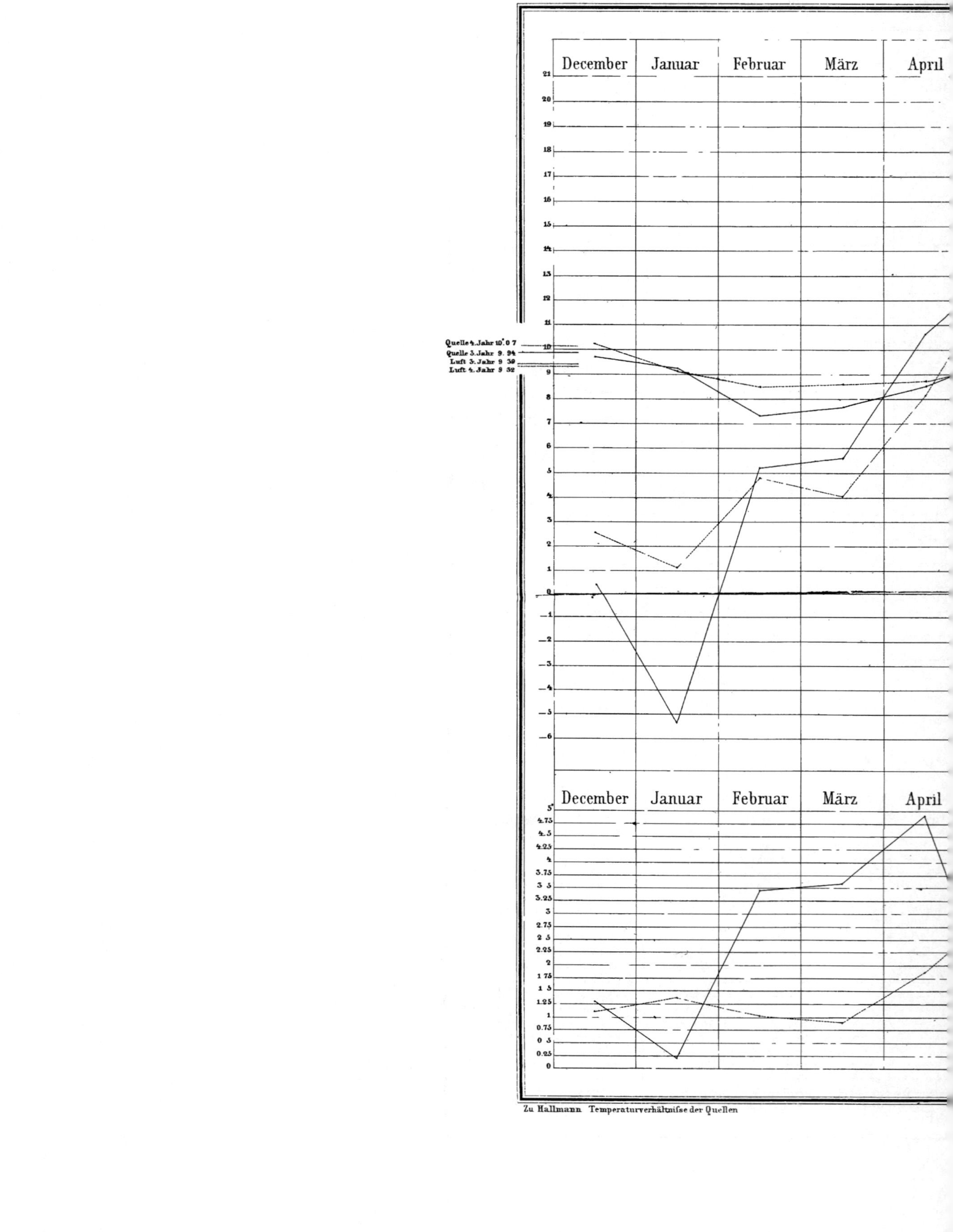

Zu Hallmann Temperaturverhältnifse der Quellen

(ühlthalquelle, verglichen mit den monatlichen Mitteln der Luft u.den monatlichen Regenhöhen

Taf VII

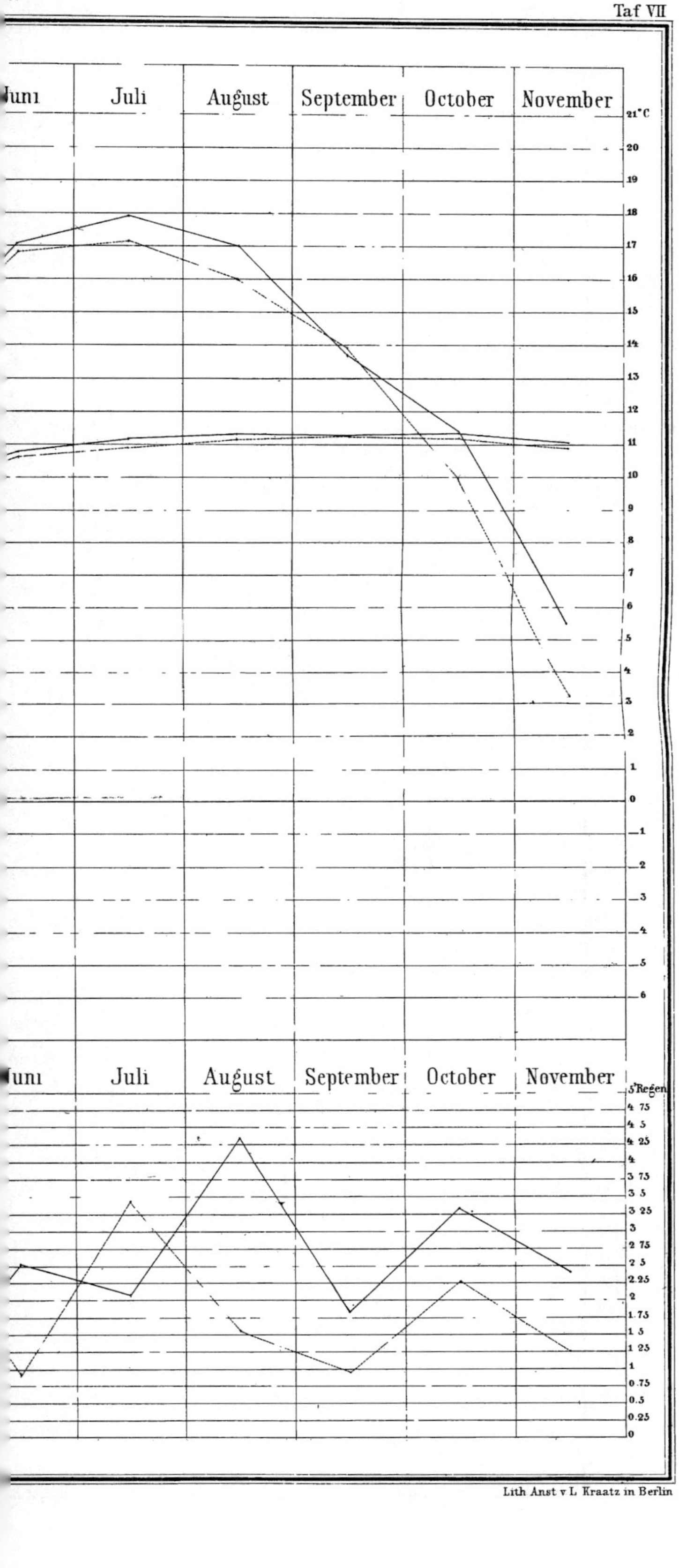

Lith Anst v L Kraatz in Berlin

Marienberg { 5. Jahr, Dec. 1849-50 und 2 Jahr, Dec. 1846-47 } Monatlich

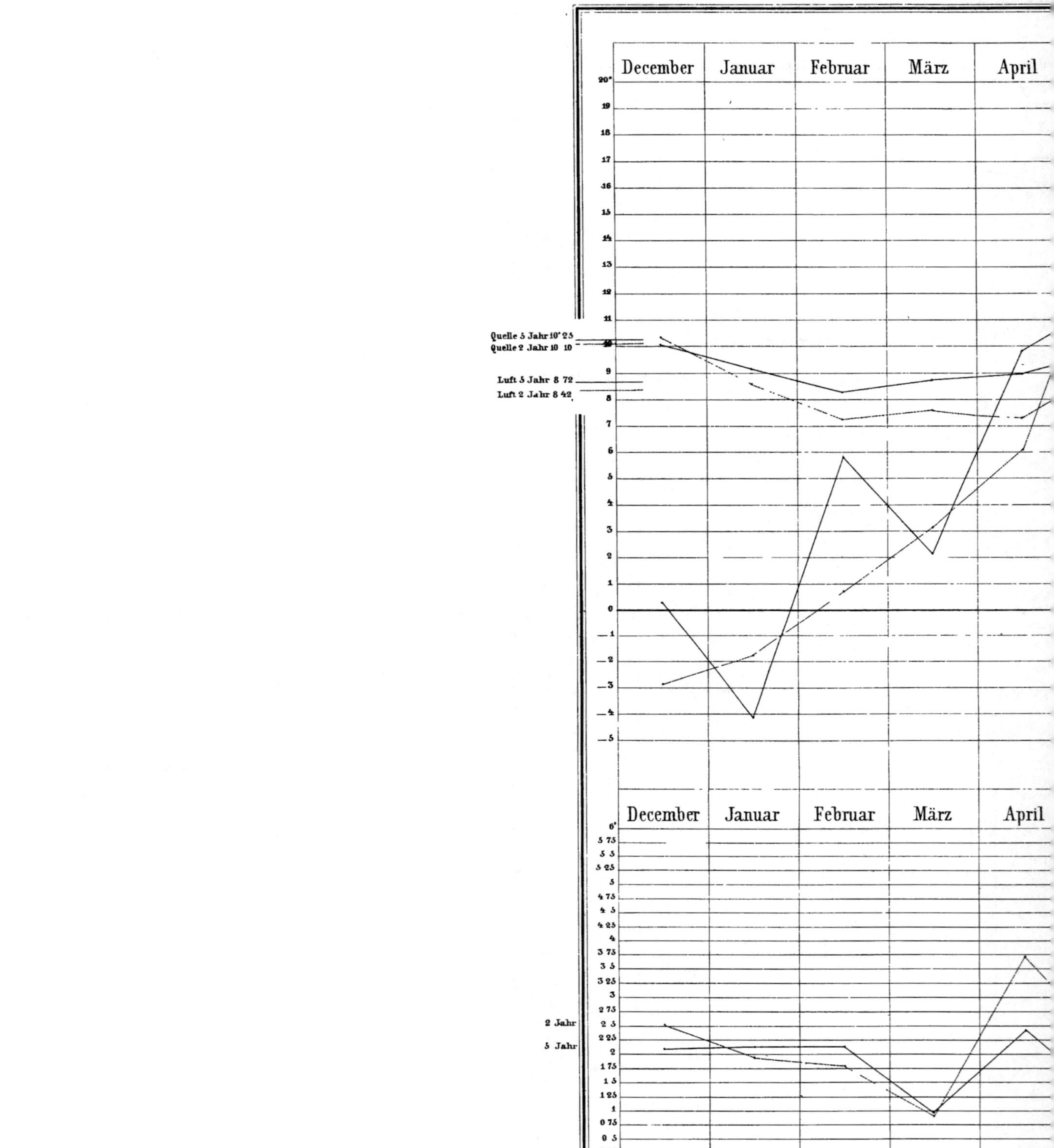

Zu Hallmann Temperaturverhältnifse der Quellen

ihlthalquelle, verglichen mit den monatlichen Mitteln der Luft u den monatlichen Regenhöhen.

Taf VIII

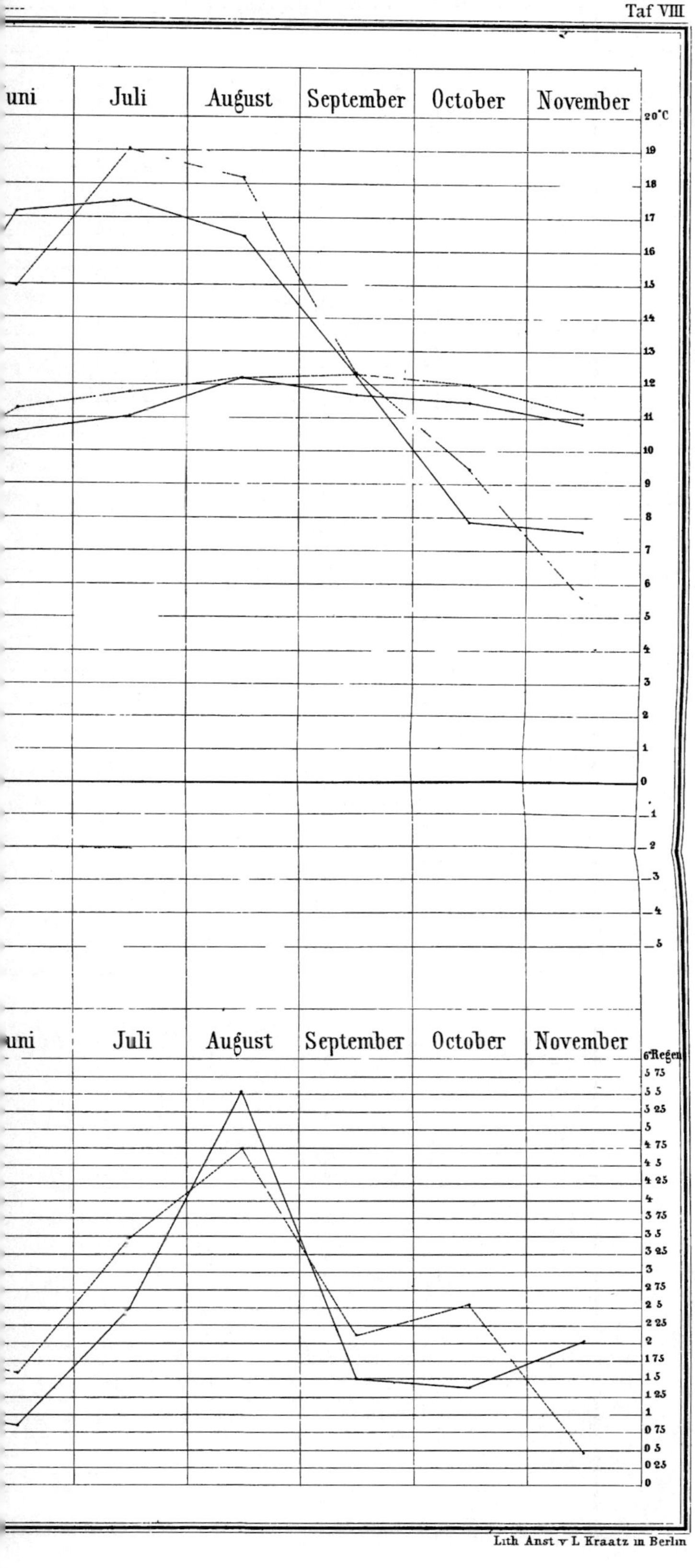

Lith Anst v L Kraatz in Berlin

Marienberg {5 Jahr, Dec 1849–50 und 1 Jahr, Dec 1845–46} Monatliche

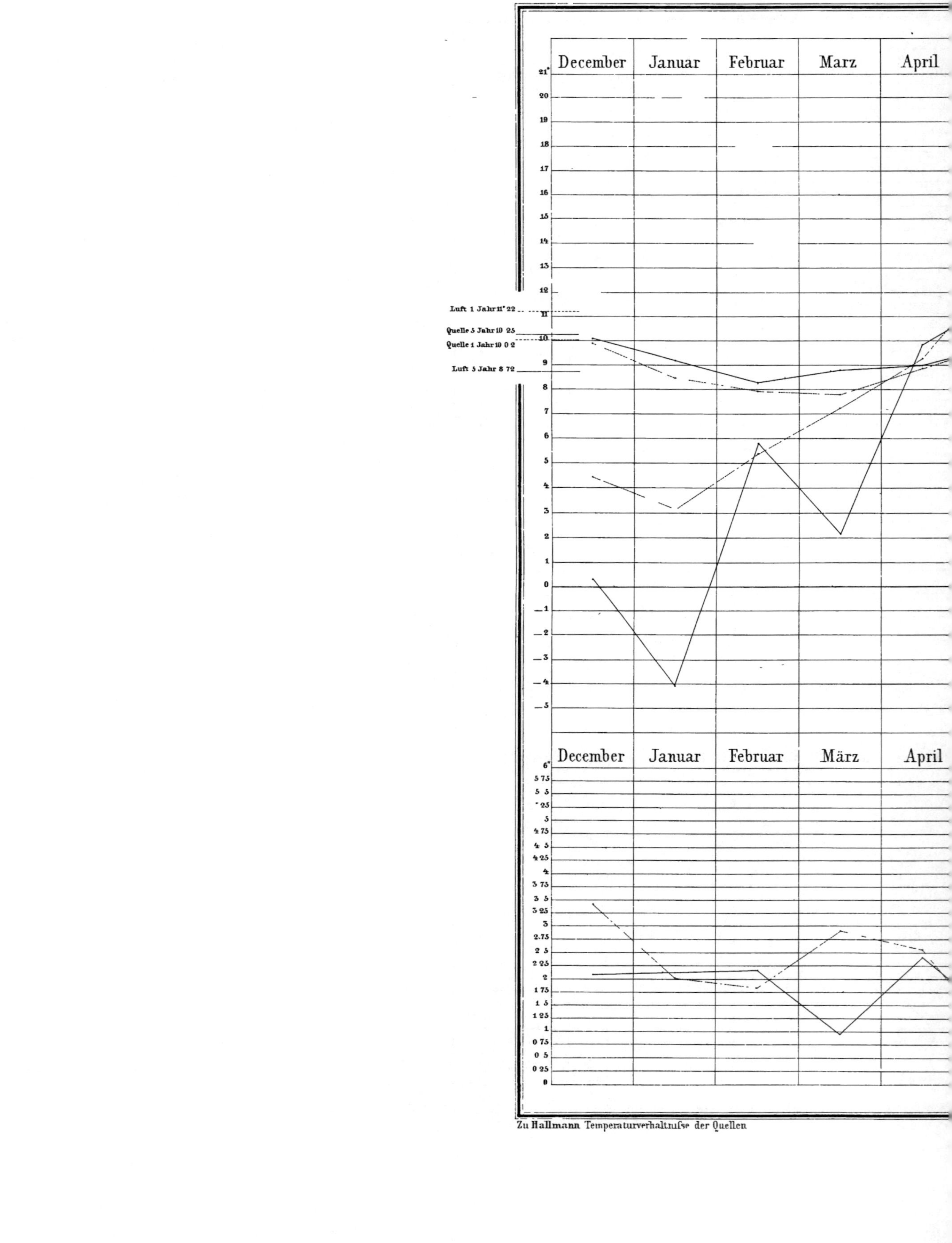

Zu Hallmann Temperaturverhaltnifse der Quellen

ühlthalquelle, verglichen mit den monatlichen Mitteln der Luft u. den monatlichen Regenhohen.

Taf IX

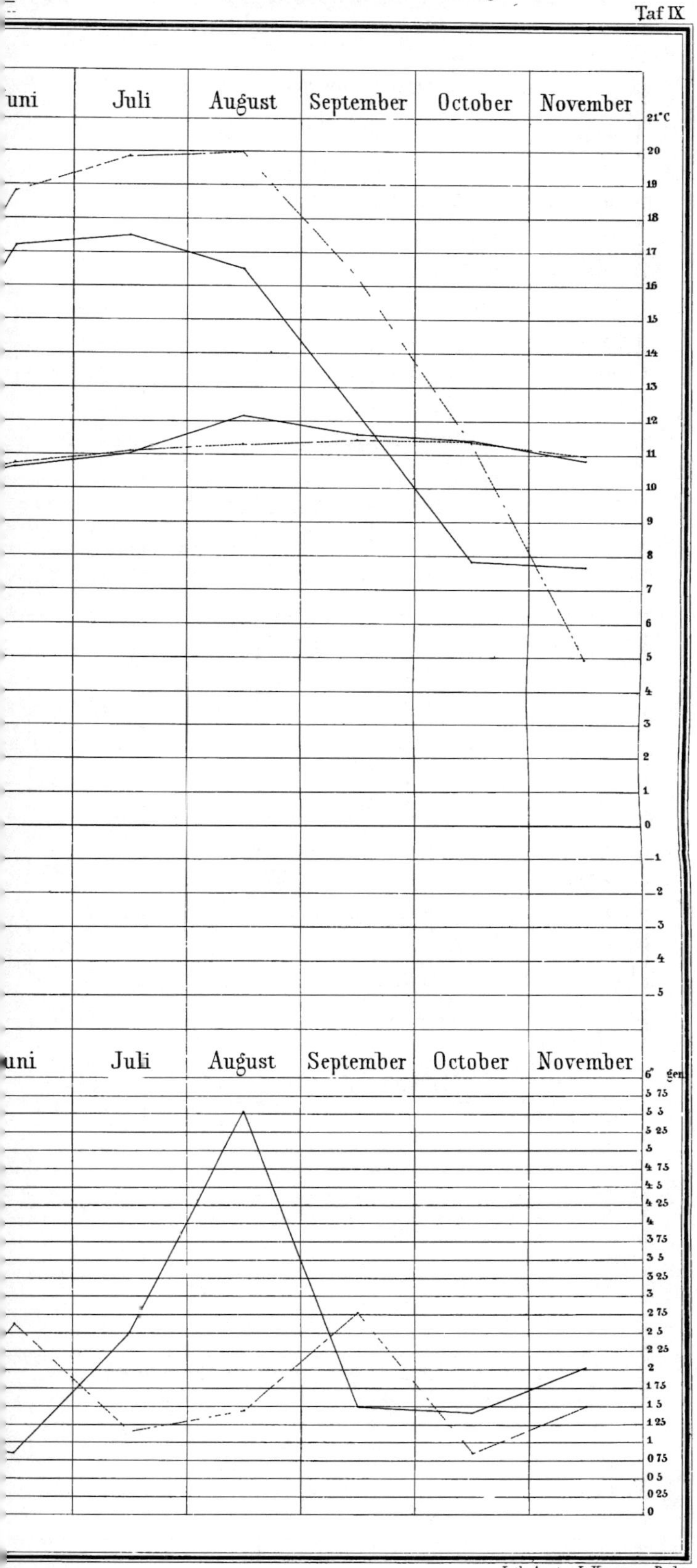

Lith Anst v L Kraatz in Berlin

Die Mühlthalquelle und die Luftwä
Zerlegung derselben in die Abweic

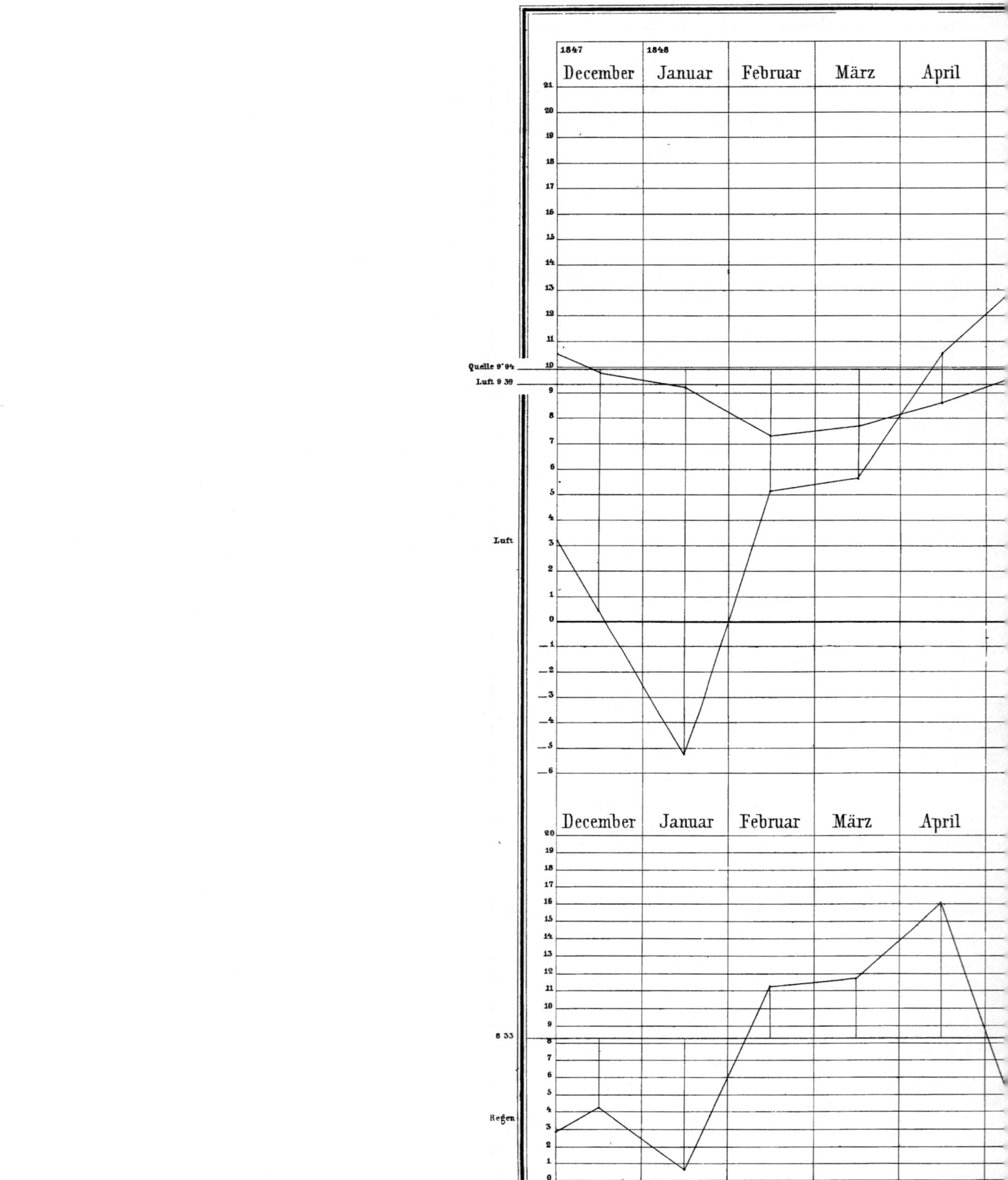

Zu Hallmann Temperaturverhaltnisse der Quellen

Abweichung der Jahresmittel 0°.55.
natsmittel. Beispiel zu § 28 u 29.

Taf. X

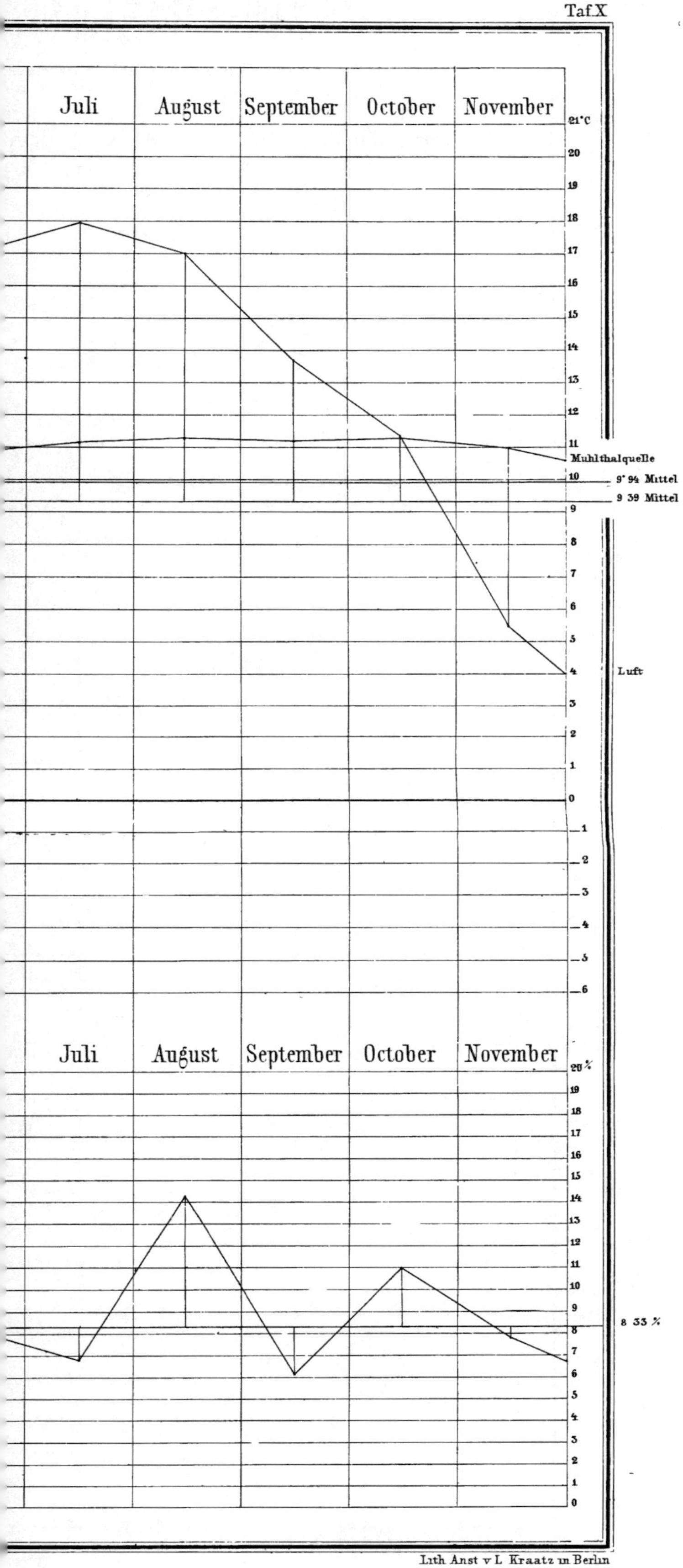

Lith Anst v L Kraatz in Berlin

Marienberg {1.Jahr, Dec 1845-46 und 2.Jahr, Dec 1846-47} Monatli

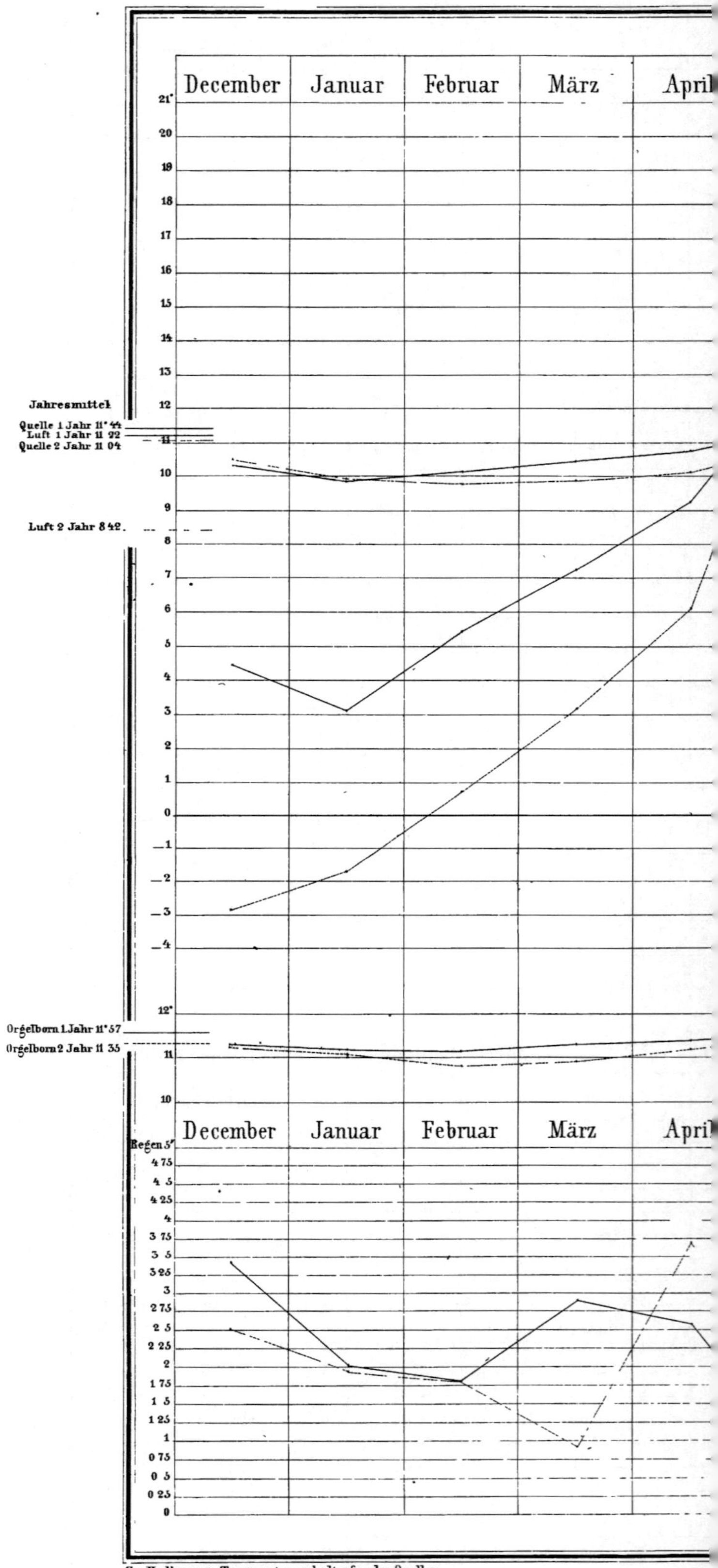

Zu Hallmann Temperaturverhaltnisse der Quellen

Luisenquelle verglichen mit den monatlichen Mitteln
born, der Luft u den monatlichen Regenhöhen.

nd Luft

Taf XI

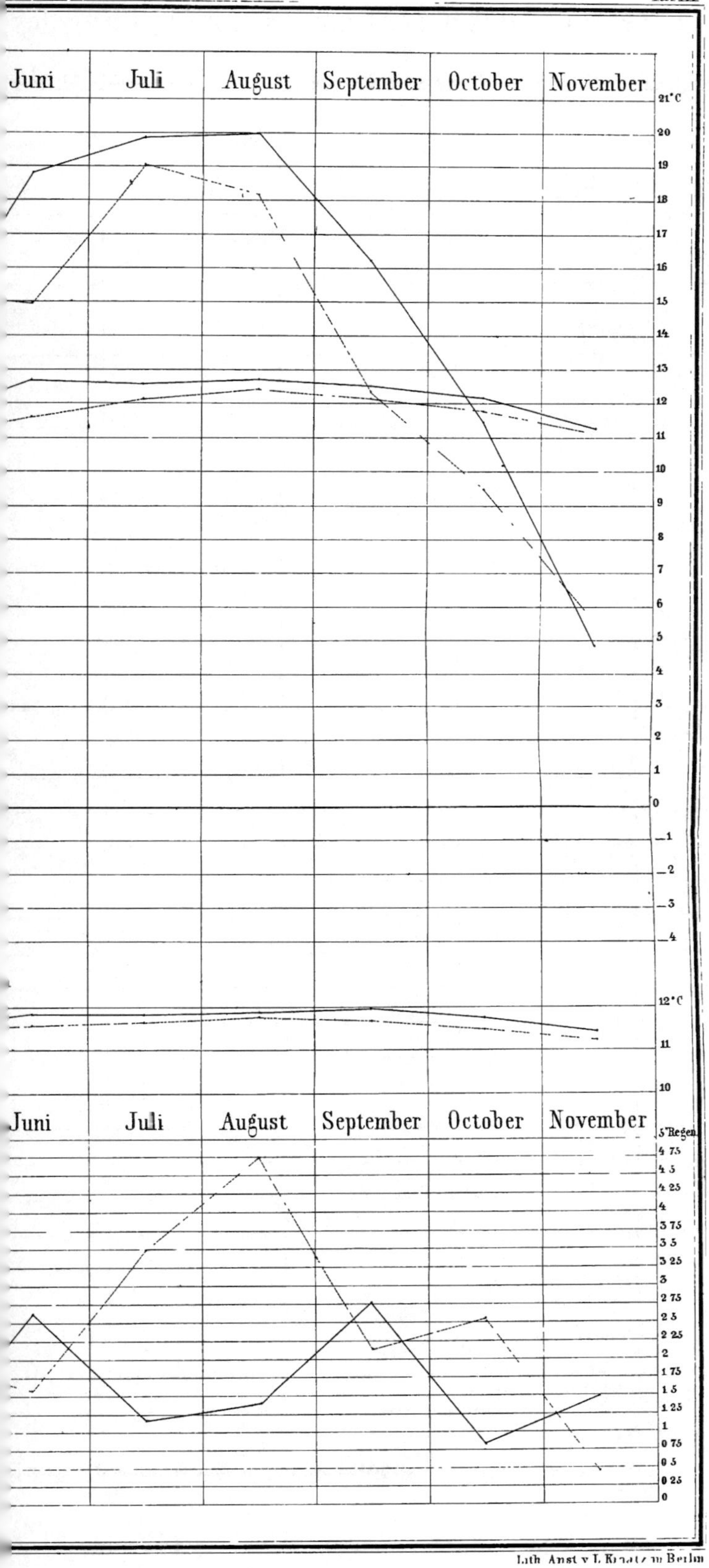

Lith. Anst. v. L. Kraatz in Berlin

Trevandrum auf der Küste Malabar, na
Einwirkung des Regens sowohl auf den Gang der

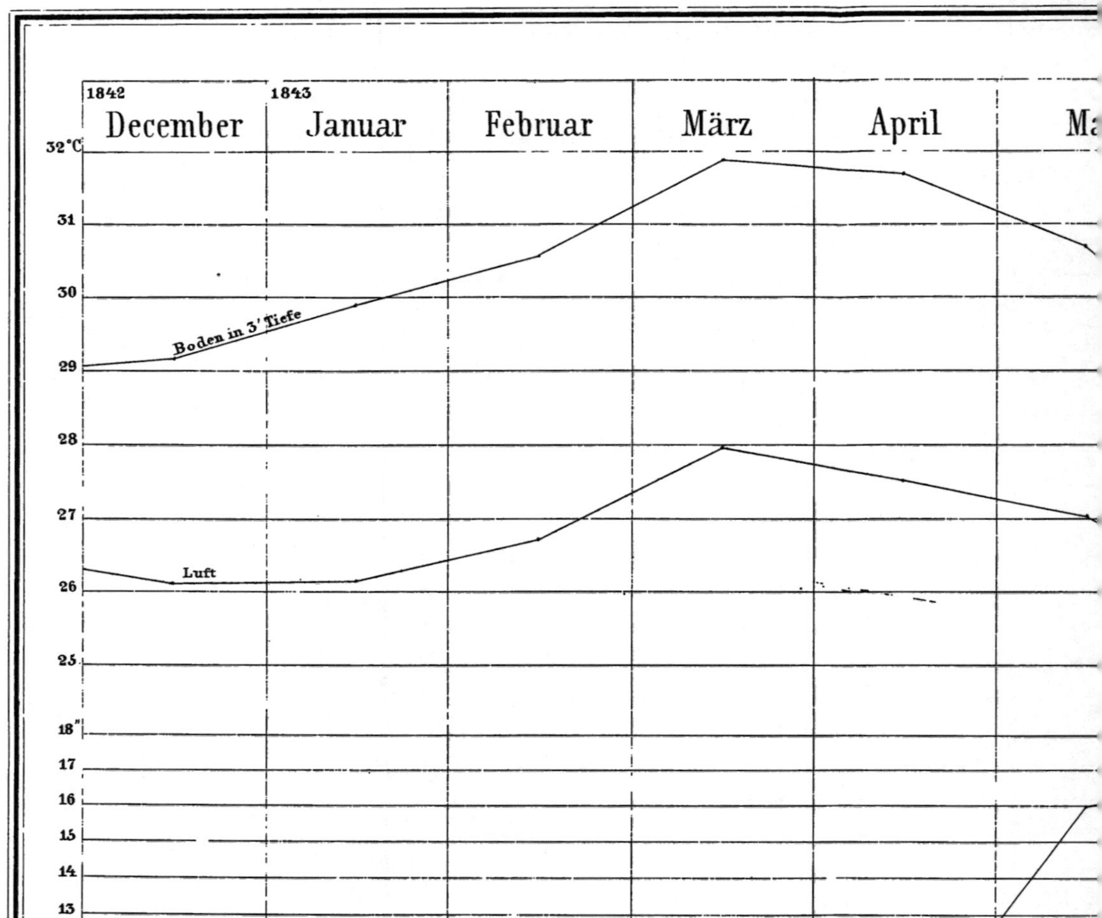

Zu Hallmann Temperaturverhältnifse der Quellen

pitze von Vorderindien. Jahr Dec. 1842-43.
ls auf den Gang der Bodenwärme in 3 Fuſs Tiefe.

Taf. XII.

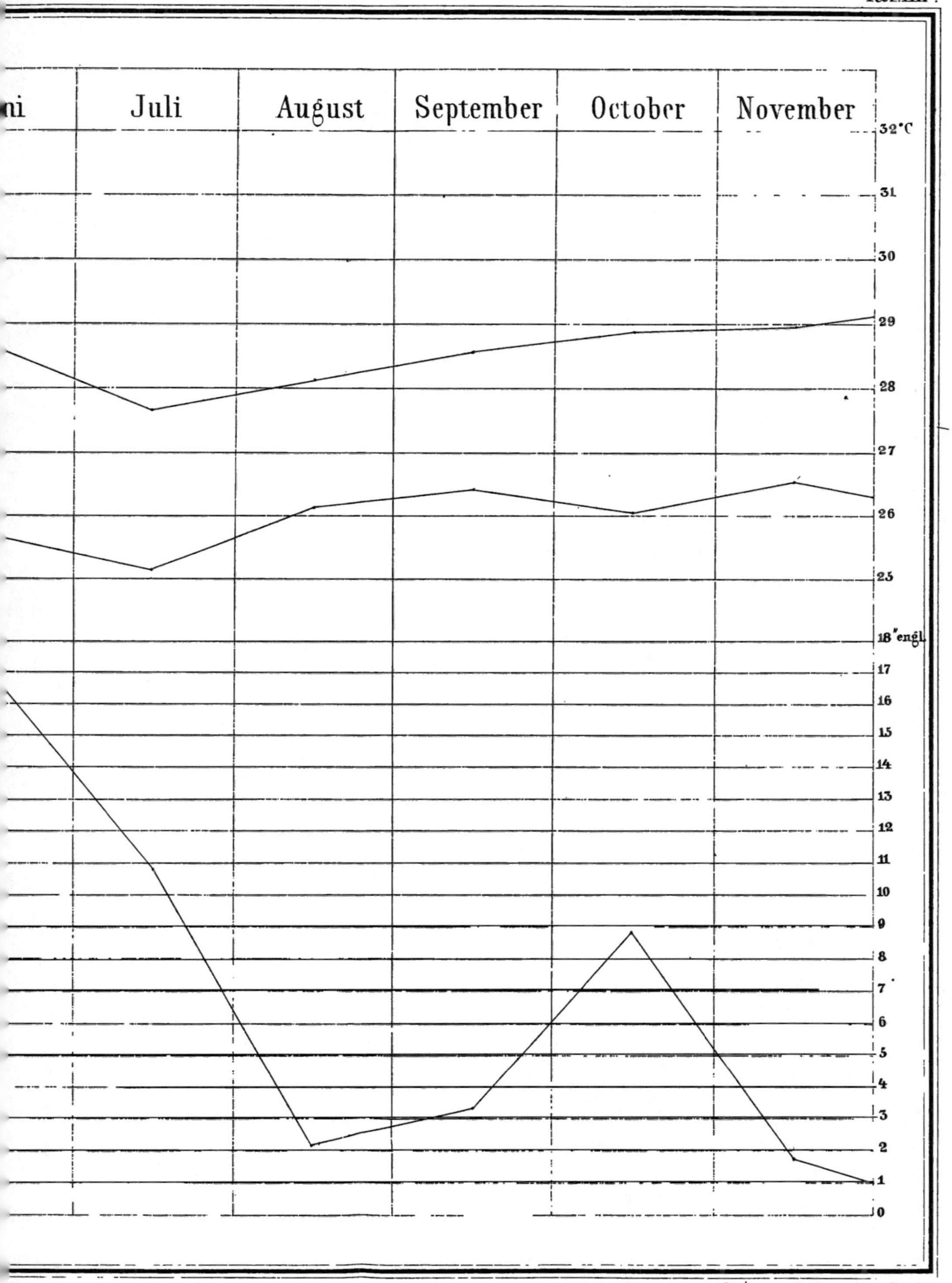

Lith. Anst. v. L. Kraatz in Berlin

FSC
www.fsc.org
MIX
Papier | Fördert gute Waldnutzung
FSC® C083411

Zeitfracht Medien GmbH
Ferdinand-Jühlke-Straße 7
99095 Erfurt, Deutschland
produktsicherheit@kolibri360.de